TOK TOK BOOK 톡톡북

Vol.2
LIZARDS

KB048898

한국양서파충류협회 X 다흑

PREFACE 들어가는 말

양서파충류 톡톡북(TOK TOK BOOK) 시리즈는 작은 생명의 소중함을 알고, 새로운 세계에 대한 열린 마음이 있는 여러분을 위하여 탄생했습니다.

낯설지만 우리 곁에 함께해온 존재들, 그 친구들의 매력을 톡톡북(TOK TOK BOOK)에서 찾아보세요.

저자 일동

★ 도서의 수록 종과 이미지 출처는
  QR코드로 확인하세요!

PREVIEW 미리보기

톡(TOK)! 톡(TOK)!
점선을 따라 살짝
뜯어보세요.

어느새 완성된
나만의
양서파충류 컬렉션

PREVIEW 미리보기

색칠하여 완성하는
나만의 양서파충류 친구

STRUCTURE 이 책의 구성

생태 분류

✂ 점선대로 톡톡 뜯어보세요.

종의 특성

활동시기 & 먹이

활동시기 　　먹이

일반적으로 '예멘 카멜레온' 혹은 '베일드 카멜레온'이라고 불립니다. 우리나라에서는 베일드 카멜레온이라는 명칭이 더욱 익숙합니다. 베일드 카멜레온의 가장 큰 특징은 머리에 높이 솟은 투구라고 할 수 있으며, 이 투구의 모양 때문에 가면을 쓴 것 같다는 이유로 '가면 카멜레온'이라고도 불립니다. 수컷의 경우 투구가 발달하지만 암컷은 투구가 높지 않기 때문에 쉽게 성별을 구별할 수 있습니다. 이들은 아라비아 반도 남서쪽의 매우 습한 바닷가의 저지대와 산기슭, 고원의 덤불에서 서식하며 물이 부족한 환경 때문에 수분을 보충하기 위해 나뭇잎 등도 섭취하는 잡식성입니다.

종별 특징

학　명 : *Chamaeleo calyptratus*
원산지 : 아라비아 반도 해안가 관목림
크　기 : 평균 수컷 60㎝, 암컷 25㎝
생　태 : 나무 위에서 생활

서식지

생태 분류

종 명

베일드 카멜레온
Veiled Chameleon

✂ 점선대로 톡톡 뜯어보세요.

Coloring

자유롭게 색칠해보세요.

ECOLOGICAL ICON 생태 아이콘

활동시기

주행성　　　일몰/일출　　　야행성　　　우기

식물성 먹이

나뭇잎　물풀　풀　꿀　열매　나무수액　꽃　선인장　씨앗

충식성 먹이

파리　딱정벌레　개미　귀뚜라미　거미　나비　나방

ECOLOGICAL ICON 생태 아이콘

육식성 먹이

핑키	설치류	소형 포유류	대형 포유류		조류	새알

개구리	도롱뇽	도마뱀	도마뱀붙이	뱀

지렁이	민달팽이	달팽이	다슬기	조개	물고기	갑각류

그린 이구아나

Green Iguana

활동시기  먹이

그린 이구아나는 1960년대부터 공룡을 닮은 독특한 외모와 풀을 주식으로 하는 초식에 가까운 식성 때문에 애완도마뱀의 시초가 된 종이기도 합니다. 이구아나들은 어린 개체일 때는 밝은 녹색이다가 나이가 들어감에 따라 황갈색으로 변합니다. 서식지에 따라 중미에 사는 것은 코끝에 작은 뿔과 같은 돌기가 있으며, 남미에 사는 것은 코끝에 돌기가 없습니다. 그린 이구아나의 귀 아래턱 끝 부분에는 특징적인 둥그런 비늘이 있으며 수컷이 암컷보다 덩치가 큽니다. 야생에서는 주로 물가 나무 위에서 여러 마리가 함께 서식합니다.

학　명 : *Iguana iguana*
원산지 : 중미의 멕시코부터 남미 전역 및 미국 남부에도 유입
크　기 : 평균 150~200㎝
생　태 : 물가의 나무 위에서 생활

그린 이구아나

Green Iguana

Coloring

라이노써러스 이구아나

Rhinoceros Iguana

활동시기 ☀ 먹이 🍃 🌿 🫐 🌿

코뿔소 이구아나(Rhinoceros Iguana)는 건조한 바위가 많은 지역에 서식하기 때문에 '바위 이구아나'라고도 불립니다. 성체의 몸무게는 5~10㎏에 달하며, 이런 체중 때문에 어릴 때는 나무 위에서 생활하다가 다 자라면 땅 위에서 생활합니다. 어릴 때는 밝은 회색에 진한 회갈색의 세로 줄무늬가 있지만, 다 큰 어른 이구아나는 붉은색이 도는 회색이나 회색을 띠게 됩니다. 성체 수컷 이구아나는 눈 위의 콧등에 두툼한 3개의 뿔을 닮은 돌기를 가지고 있어 코뿔소 이구아나라는 이름을 갖게 되었습니다.

학　명 : *Cyclura cornuta*
원산지 : 히스파니올라섬의 아이티와 도미니카 공화국
크　기 : 평균 100~120㎝
생　태 : 땅 위에서 생활

라이노써러스 이구아나

Rhinoceros Iguana

Coloring

그랜드 케이맨 블루 이구아나

Grand Cayman Blue Iguana

활동시기 🔆 먹이

푸르스름한 청색을 띠는 회색 이구아나로 '푸른 이구아나'라고도 불립니다. 몸통의 푸른색은 수 컷이 더 두드러집니다. 몸길이가 1.5m에 몸무게는 14kg이 나가는 대형 도마뱀입니다. 푸른 이 구아나는 바위가 많고 햇볕이 강하게 비치는 마른 숲이나 해안가를 선호합니다. 그린 이구아나 에 비해 뾰족하고 더 긴 주둥이를 가지고 있으며, 눈 주위부터 턱까지 용골 비늘이 발달하여 있 습니다. 험상궂은 외모와 달리 식물을 주식으로 하는 초식성 도마뱀입니다.

학 명 : *Cyclura lewisi*
원산지 : 그랜드 케이맨섬
크 기 : 평균 120~150㎝
생 태 : 해안가 건조지역 땅 위에서 생활

그랜드 케이맨 블루 이구아나

Grand Cayman Blue Iguana

Coloring

쿠반 펄스 카멜레온

Cuban False Chameleon

활동시기  먹이

'쿠바 거짓 카멜레온'이라는 이름이 붙여진 이유는 카멜레온 같은 피부 질감과 튀어나온 눈, 그리고 기분에 따라 급속히 색이 밝아지거나 어두워지는 특징 때문입니다. 하지만 카멜레온처럼 화려한 색상을 가지고 있지 않으며, 연한 베이지색부터 살구색을 띠고 갈색의 얼룩이 있습니다. 에놀 종류 중 큰 종에 속하며 이들 또한 벽에 붙을 수 있는 발바닥 패드가 있습니다. 몸에 비하여 머리가 크고, 큰 입과 매우 날카로운 이빨을 가지고 있으며 강한 턱 힘으로 야생에서 달팽이를 즐겨 먹습니다.

학 명 : *Anolis barbatus*
원산지 : 쿠바
크 기 : 평균 수컷 30㎝, 암컷 25㎝
생 태 : 나무 위에서 생활

쿠반 펄스 카멜레온

Cuban False Chameleon

Coloring

그린 바실리스크

Green Basilisk

활동시기  먹이

유럽의 전설에 등장하는 상상의 동물과 이름이 같은 바실리스크는 사실 중미 대륙 열대의 강가에 서식하는 도마뱀입니다. 몸의 색깔은 밝은 녹색이며 대개 밝은 푸른색과 흰색의 점무늬가 흩어져 있고, 밝은 노란색의 홍채를 가지고 있습니다. 이런 노란색 눈 때문에 보기만 해도 상대방을 죽일 수 있는 전설의 동물과 같은 이름을 갖게 되었습니다. 수컷은 머리와 등, 꼬리에 각각 골질의 가시로 지탱되는 잘 발달한 볏을 가지고 있습니다. 주로 물가 나무 위에서 서식하고, 위급할 때는 물 위를 뛰어 건널 수 있는 도마뱀으로 알려져 '예수 도마뱀'으로도 불립니다.

학 명 : *Basiliscus plumifrons*
원산지 : 중미 남동부 열대우림
크 기 : 평균 수컷 40㎝, 암컷 35㎝
생 태 : 물가의 나무 위에서 생활

그린 바실리스크

Green Basilisk

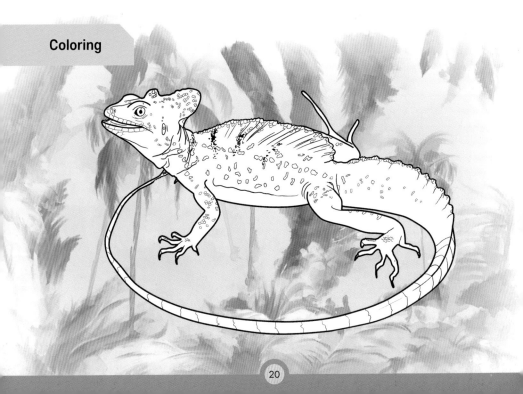

이스턴 칼라드 리자드

Eastern Collared Lizard

활동시기  먹이

특징적인 검은색 띠가 목과 어깨 부분에 두 줄로 나타나기 때문에 '목 무늬 도마뱀' 또는 '목걸이 도마뱀'으로 불립니다. 몸의 색은 지역에 따라 매우 다양한데, 동부에 서식하는 종은 몸에 푸른 빛을 띠며 서부에 서식하는 종의 경우 연갈색에 붉은빛을 띱니다. 이들은 주로 건조한 바위 사막 지역에 서식하며 소규모 무리를 지어 살고, 수컷 한 마리가 여러 마리의 암컷을 거느리며 생활합니다. 일반적으로 수컷의 경우 몸통은 밝은 푸른빛을, 머리 부분은 노란빛을 띠며 밝은 색의 반점이 있습니다. 암컷은 수컷에 비해 수수한 색을 띱니다.

학 명 : *Crotaphytus collaris*
원산지 : 아메리카 대륙 텍사스, 멕시코 반건조지대
크 기 : 평균 수컷 23㎝, 암컷 20㎝
생 태 : 건조한 암석지대에서 생활

이스턴 칼라드 리자드

Eastern Collared Lizard

Coloring

자이언트 혼드 리자드

Giant Horned Lizard

활동시기 ☀ 먹이

'사막 뿔 도마뱀(Desert Horned Lizard)' 아종으로 멕시코에 서식하며 뿔 도마뱀류 중 가장 큽니다. 가시 같은 뾰족한 피부는 몸을 적으로부터 방어하는 효과뿐만 아니라 모세관 작용으로 인해 축축한 모래에 몸을 파묻고 모래에 있는 수분을 피부를 따라 끌어올려 입으로 섭취를 하거나, 물웅덩이에 입을 대지 않고도 신체의 일부분만 물에 닿으면 물이 피부를 따라 입으로 섭취할 수 있게 해주는 작용을 합니다. 이 도마뱀은 독특한 방어술로 유명한 종이기도 합니다. 코요테 같은 천적에게 공격을 받으면 눈의 혈압을 상승시키고 혈관을 터트려 피를 적의 얼굴에 뿌리는 방어술을 가지고 있습니다.

학 명 : *Phrynosoma asio*
원산지 : 멕시코 동남부, 과테말라 사막지역
크 기 : 평균 15~16㎝
생 태 : 건조한 사막지역 땅 위에서 생활

자이언트 혼드 리자드

Giant Horned Lizard

Coloring

비어디드 드래곤

Bearded Dragon

활동시기  먹이

비어디드 드래곤은 가시 같은 비늘이 목 주위에 발달하여 턱수염 도마뱀이라는 이름이 붙여졌습니다. 이런 가시는 목뿐만 아니라 옆구리와 등에도 발달했으며 전체적으로 거친 비늘을 가지고 있습니다. 강인해 보이는 외모와는 달리 아주 온순하고 체질이 강하여 전 세계적으로 애완용으로 널리 길러지고 있는 도마뱀입니다. 하지만 같은 수컷끼리는 강한 공격성을 보이며, 한 마리의 수컷이 일정한 영역을 지키고 자신의 영역 안에서 여러 마리의 암컷들을 거느리며 생활합니다.

학 명 : *Pogona vitticeps*
원산지 : 호주 중부와 동부 건조한 산림과 사막지역
크 기 : 평균 수컷 50㎝, 암컷 40㎝
생 태 : 건조한 사바나지역의 암석지대에서 생활

비어디드 드래곤

Bearded Dragon

Coloring

프릴드 리자드

Frilled Lizard

활동시기 ☀ **먹이**

목도리 도마뱀은 그 독특한 외모 때문에 파충류나 도마뱀에 관심이 없는 사람도 알 만큼 유명한 도마뱀 종류입니다. 이들은 위험에 처하게 되면 목에 있는 접힌 주름을 우산처럼 펼쳐 자신의 몸을 크게 보이게 하는 일종의 허세 방어술로 유명합니다. 이렇게 목도리를 펴 상대를 위협하다가 상대가 물러서지 않으면 두 다리로 뛰어 달아나다가 나무 위로 올라가 몸을 피합니다. 호주 북부지역과 뉴기니섬에 서식하는 목도리 도마뱀은 외관상으로 차이가 있습니다. 호주에 서식하는 종이 뉴기니섬에 서식하는 종보다 몸 색상이 더 붉은색을 띠고, 덩치가 더 큽니다.

학 명 : *Chlamydosaurus kingii*
원산지 : 파푸아뉴기니, 호주
크 기 : 평균 50~70㎝
생 태 : 땅 위, 나무 위에서 생활

프릴드 리자드

Frilled Lizard

Coloring

차이니즈 워터 드래곤

Chinese Water Dragon

활동시기

'중국 물 도마뱀' 혹은 '초록 물 도마뱀'으로 불리며 어렸을 때는 그린 이구아나와 거의 구분이 가지 않는 외형을 지니고 있습니다. 하지만 자세히 관찰해보면 머리 부분이 더 뭉툭한 느낌이며 눈이 머리에 비해 상당히 크고, 이구아나보다 더 진한 녹색이며 연한 하늘색의 가느다란 띠가 등에서 배 쪽으로 향해 있습니다. 몸의 색깔은 진한 녹색에서 황갈색까지 다양하며 성체가 되면 턱 밑의 흰 돌기가 두드러집니다. 물가 나무 위에서 생활하며 수영에도 능숙하여 위급할 때에는 물속으로 뛰어들어 적을 피합니다.

학   명 : *Physignathus cocincinus*
원산지 : 중국 남부지역과 동남아시아 일대 강가의 관목림
크   기 : 평균 수컷 100㎝, 암컷 80㎝
생   태 : 물가 나무 위에서 생활

차이니즈 워터 드래곤

Chinese Water Dragon

Coloring

버터플라이 아가마

Butterfly Agama

활동시기

버터플라이 아가마는 땅에 서식하는 아가마과 도마뱀으로, 해안가나 건조한 지역에서 굴을 파고 가족이 함께 생활합니다. 이들은 머리가 뭉툭하고 몸이 날렵하며 긴 꼬리를 지니고 있습니다. 수컷은 암컷에 비해 더 크고 화려한 색을 가지고 있으며, 암컷은 전반적으로 흐린 색상을 지닙니다. 일광욕을 할 때나 수컷이 영역을 주장할 때는 갈비뼈를 납작하게 펼쳐서 옆구리의 색상을 보여줍니다. 이 옆구리의 색상은 진한 갈색과 선명한 주황색의 무늬로 이루어져, 화려한 나비의 날개와 비슷하다 하여 나비 아가마 도마뱀(버터플라이 아가마)이라는 이름이 붙여졌습니다.

학 명 : *Leiolepis belliana*
원산지 : 인도차이나의 메콩분지, 태국, 말레이시아 반도,
　　　　수마트라섬의 해안지역
크 기 : 평균 수컷 30㎝, 암컷 20~25㎝
생 태 : 굴을 파며 주로 땅 위에서 생활

버터플라이 아가마

Butterfly Agama

Coloring

스파이니 테일드 리자드

Spiny-tailed Lizard(Mastigure)

활동시기 · 먹이

가시꼬리 도마뱀은 국내에선 흔히 학명 그대로 '유로메스티스'라고 불립니다. 건조하고 무더운 사막지역에서 서식하며, 대기온도가 50℃가 넘는 매우 가혹한 환경에서 살아남기 위해 땅속에 깊은 굴을 파고 생활합니다. 짧고 뭉툭한 얼굴과 넓적한 몸통, 튼튼한 꼬리가 특징이며, 소화를 위해 긴 장을 가진 초식성 동물의 특성에 따라 통통하고 납작한 체형입니다. 특히 꼬리는 가시투성이로 방어를 위해 잘 무장되어 있으며, 포식자로부터 자신을 지키기 위해 입구를 막는 행동을 합니다.

학 명 : *Uromastyx dispar*
원산지 : 남서부 아시아 및 아프리카의 사하라 사막, 아라비아
　　　　반도 북서부, 인도
크 기 : 평균 30~35㎝
생 태 : 사막의 암석지대에서 생활

스파이니 테일드 리자드

Spiny-tailed Lizard(Mastigure)

Coloring

쉴드 테일드 아가마

Shield-tailed Agama

활동시기 -☀- 먹이 🦗 🪳

방패꼬리 아가마 도마뱀은 아프리카의 건조한 지역에 서식하는 소형종 아가마과 도마뱀으로, 굉장히 독특한 외모를 가지고 있습니다. 부채처럼 넓적하게 펼쳐진 짧은 꼬리는 가시와 같은 뾰족한 돌기로 이루어져 있으며, 꼬리 끝은 뾰족한 형태로 이루어져 있고 중간의 돌기는 더 깁니다. 이런 독특한 꼬리 때문에 '방패꼬리 아가마'라는 이름을 얻게 되었습니다. 쉴드 테일드 아가마는 연한 갈색에서부터 붉은 벽돌색까지 다양한 색상을 지니며 성숙한 수컷의 경우 목 주변에 아름다운 밝은 푸른색을 띠게 됩니다.

학　명 : *Xenagama taylori*
원산지 : 아프리카 소말리아, 에디오피아
크　기 : 평균 수컷 8㎝, 암컷 6㎝
생　태 : 건조한 사막의 단단한 모래지역에서 생활

쉴드 테일드 아가마

Shield-tailed Agama

Coloring

쏘니 데빌

Thorny Devil

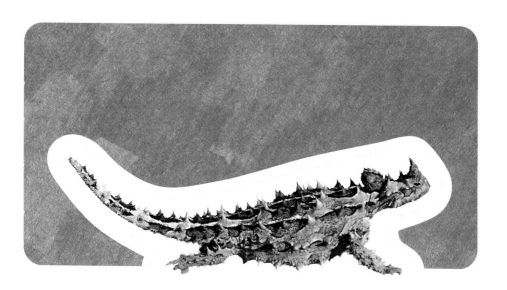

활동시기 　먹이

'가시 달린 악마 도마뱀' 혹은 '도깨비 도마뱀'이라고 불립니다. 생김새, 습성은 북미에 서식하는 사막 뿔 도마뱀과 거의 같습니다. 무시무시한 이름과는 달리 작은 개미만을 먹고 살며, 행동 또한 카멜레온처럼 느리기 때문에 뾰족한 가시로 천적이 자신을 삼킬 수 없도록 방어한답니다. 주둥이가 짧고 눈 위에 큰 가시가 있으며, 목 뒤에는 '가짜머리'라고 불리는 혹과 같은 가시를 가지고 있습니다. 뱀과 같은 천적의 공격을 받으면 고개를 숙이고 가짜머리를 머리인 것처럼 속여서 치명상을 피하기도 합니다.

학　명 : *Moloch horridus*
원산지 : 중앙호주 건조한 사막지대
크　기 : 평균 20㎝
생　태 : 땅 위에서 생활

지상성

쏘니 데빌
Thorny Devil

카멜레온 포레스트 드래곤

Chameleon Forest Dragon

활동시기 먹이

화려한 색상과 독특한 돌기로 아름다운 이 도마뱀은 인도네시아 자바섬의 습한 관목림에 서식합니다. 카멜레온이라는 이름에서 알 수 있듯 수컷은 굉장히 화려한 패턴의 무늬와 색상을 띠며, 기분에 따라 색이 급격하게 밝아지거나 어두워질 수 있습니다. 대부분의 시간을 나무에 수직으로 매달려 보내며, 대기 중 습도가 높은 환경을 선호합니다. 천적을 만나게 되면 몸을 부풀리고 입을 벌리며 위협하는 행동을 하다가 그 방법이 통하지 않으면 나무 밑으로 뛰어내립니다. 사냥방법 또한 주로 나무에 매달려 있다가 다가오는 작은 곤충이나 작은 도마뱀을 사냥합니다.

학 명 : *Gonocephalus chamaeleontinus*
원산지 : 인도네시아 자바섬, 수마트라섬 등
크 기 : 평균 28~30㎝
생 태 : 나무 위에서 생활

카멜레온 포레스트 드래곤

Chameleon Forest Dragon

Coloring

팬서 카멜레온

Panther Chameleon

활동시기 먹이

팬서 카멜레온은 카멜레온류 중에서 가장 다채로운 색상을 띠는 종 중 하나입니다. 흔히 알려진 것처럼 카멜레온의 몸 색은 주변 환경에 따라 바뀌는 것이 아니고, 단지 자신의 기분을 나타내는 수단으로 쓰입니다. 지역에 따라서 다양한 색상이 나타나며 같은 종의 팬서 카멜레온이라도 붉은색이 많은 계열, 푸른빛을 많이 띠는 계열, 녹색이 주를 이루는 계열, 노랑이나 주황빛을 많이 띠는 계열 등 개체 간의 차이가 무척이나 다양합니다. 보통 카멜레온들은 영역성이 강해서 한 나무에 한 마리씩 생활하며 번식기가 아닐 때는 평생을 혼자 살아갑니다.

학　명 : *Furcifer pardalis*
원산지 : 마다가스카르
크　기 : 평균 수컷 55㎝, 암컷 40㎝
생　태 : 나무 위에서 생활

팬서 카멜레온

Panther Chameleon

Coloring

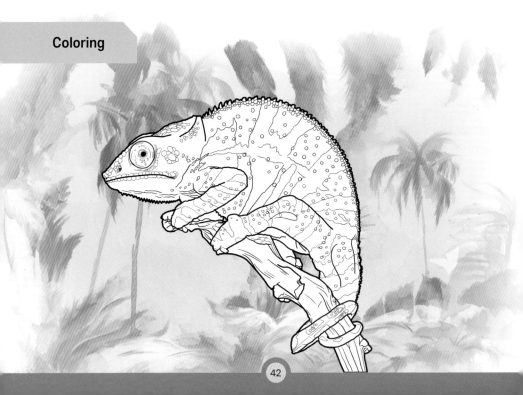

베일드 카멜레온

Veiled Chameleon

활동시기 ☀ 먹이

일반적으로 '예멘 카멜레온' 혹은 '베일드 카멜레온'이라고 불립니다. 우리나라에서는 베일드 카멜레온이라는 명칭이 더욱 익숙합니다. 베일드 카멜레온의 가장 큰 특징은 머리에 높이 솟은 투구라고 할 수 있으며, 이 투구의 모양 때문에 가면을 쓴 것 같다는 이유로 '가면 카멜레온'이라고도 불립니다. 수컷의 경우 투구가 발달하지만 암컷은 투구가 높지 않기 때문에 쉽게 성별을 구별할 수 있습니다. 이들은 아라비아 반도 남서쪽의 매우 습한 바닷가의 저지대와 산기슭, 고원의 덤불에서 서식하며 물이 부족한 환경 때문에 수분을 보충하기 위해 나뭇잎 등도 섭취하는 잡식성입니다.

학　명 : *Chamaeleo calyptratus*
원산지 : 아라비아 반도 해안가 관목림
크　기 : 평균 수컷 60㎝, 암컷 25㎝
생　태 : 나무 위에서 생활

베일드 카멜레온

Veiled Chameleon

Coloring

잭슨 카멜레온

Jackson's Chameleon

활동시기 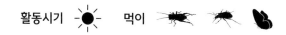 먹이

이 카멜레온은 원래 아프리카 케냐의 고산지역에 서식하는 카멜레온입니다. 하지만 1972년 하와이의 한 애완동물 가게에서 애완용으로 들어왔던 잭슨 카멜레온이 오랜 기간 분양되지 않자, 남은 12마리의 잭슨 카멜레온이 야생에 버려지면서 토착화하였습니다. 현재는 하와이와 미국의 캘리포니아에 유입되어 토착화된 종입니다. 잭슨 카멜레온은 수컷의 경우 잘 발달된 3개의 뿔이 있으며, 3종의 아종이 있습니다. 암컷은 수컷과는 달리 뿔의 개수가 종마다 다릅니다. 온도가 낮은 고지대에 서식하는 특징 때문에 몸 속에서 알을 부화시켜 새끼로 출산하는 난태생 카멜레온입니다.

학　명 : *Chamaeleo jacksonii*
원산지 : 아프리카 케냐, 탄자니아, 하와이
크　기 : 평균 수컷 30㎝, 암컷 20㎝
생　태 : 나무 위에서 생활

잭슨 카멜레온

Jackson's Chameleon

Coloring

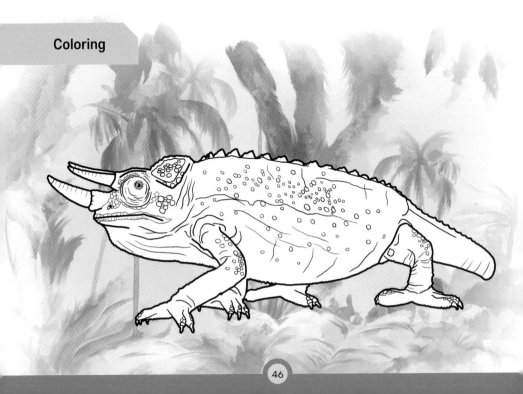

파슨 카멜레온

Parson's Chameleon

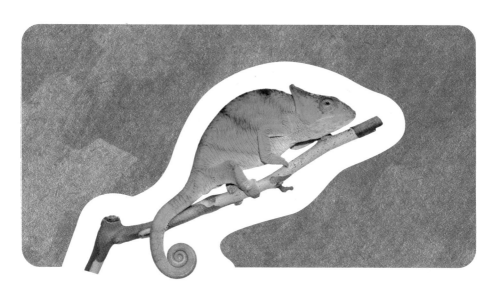

활동시기 ☀ 먹이

마다가스카르 동부와 북부의 습한 숲에 서식하는 종으로 세계에서 가장 큰 카멜레온입니다. 전체적으로 옥색 빛깔의 청록색을 띠며, 코끼리의 피부와 흡사한 독특한 주름의 피부 질감이 특징적입니다. 성숙한 수컷은 머리 뒤쪽에 투구와 같은 후드가 있고 코 주변에 돌기가 발달하여 암컷과 외형적 차이를 보입니다. 서식 지역에 따라서 눈 주변이 오렌지색을 띠거나 입술이 노란색을 띠기도 합니다.

학 명 : *Calumma parsonii*
원산지 : 마다가스카르
크 기 : 평균 수컷 65~68㎝, 암컷 50㎝
생 태 : 나무 위에서 생활

파슨 카멜레온

Parson's Chameleon

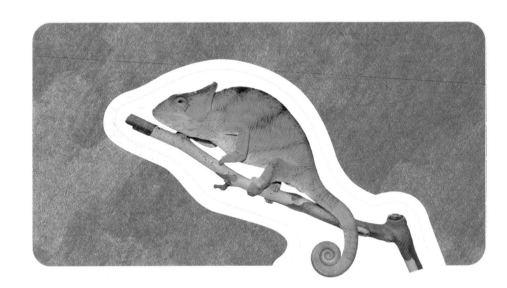

Coloring

레오파드 게코

Leopard Gecko

활동시기 🌙 **먹이**

흔히 도마뱀붙이류는 나무, 벽에 몸을 붙일 수 있는 빨판과 비슷한 발을 가지고 있고 눈꺼풀이 없는 것이 특징입니다. 하지만 표범 무늬 도마뱀붙이(레오파드 게코)는 발에 빨판이 없고 눈을 보호할 수 있는 눈꺼풀이 있는 도마뱀입니다. 야생에서는 해발고도 2,500m 이상의 바위가 많은 사막과 관목 숲에 서식하며, 밤이 되면 굴에서 나와 땅 위를 느릿느릿 기어 다니며 작은 곤충을 사냥합니다. 레오파드 게코의 이름은 몸 전체에 퍼져 있는 점에서 비롯되었는데, 어릴 때는 밴드 무늬를 가지다가 커가면서 표범과 같은 점박이 무늬로 변합니다.

학 명 : *Eublepharis macularius*
원산지 : 파키스탄, 아프가니스탄, 서부인도 건조지역
크 기 : 평균 수컷 25㎝, 암컷 20~24㎝
생 태 : 낮에는 굴속에 숨어있고, 밤에는 지상에서 사냥

레오파드 게코

Leopard Gecko

Coloring

프록 아이드 게코

Frog-eyed Gecko

활동시기 🌙 **먹이** 🦗 🪲

개구리눈 도마뱀붙이(프록 아이드 게코)는 '원더 게코(Wonder Gecko)'라고도 불리고, '스킨크 게코'라고도 불립니다. 9종의 아종이 있으며, 피부가 얇은 다른 게코류와는 달리 일반적인 도마뱀(Skink)이나 물고기의 비늘처럼 생겼습니다. 이 특징 때문에 Wonder Gecko, 즉 '경이로운 도마뱀붙이'라는 이름으로도 불리는 것입니다. 이들은 다른 게코류와 달리 각각의 두꺼운 비늘 형태의 부드러운 피부를 가지고 있습니다. 튀어나온 큰 눈과 짧은 주둥이는 개구리의 얼굴을 닮았습니다.

학 명 : *Teratoscincus scincus*
원산지 : 이란, 아프가니스탄, 카자흐스탄, 동쪽 아라비아,
　　　　　북쪽과 서쪽 중국
크 기 : 평균 수컷 12~16㎝, 암컷 11~12㎝
생 태 : 낮에는 굴속에 숨어있고, 밤에는 지상에서 사냥

프록 아이드 게코

Frog-eyed Gecko

Coloring

헬멧티드 게코

Helmeted Gecko

활동시기 **먹이**

헬멧티드 게코는 이름에서 알 수 있듯이 머리 뒷부분이 넓게 펼쳐져 있어 투구를 쓴 것 같은 모양을 하고 있기 때문에 '투구머리 도마뱀붙이'라고 불립니다. 얼굴에 비해 상대적으로 큰 눈은 강한 인상을 줍니다. 머리 부분은 크지만 꼬리는 가늘고 짧은 땅딸막한 체형을 가지고 있습니다. 헬멧티드 게코는 모로코의 해안가 건조한 바위 사막지역에 주로 서식합니다. 대서양에서 발생하는 안개를 주요 수분 공급원으로 삼고 있습니다. 고양이의 눈처럼 조리개가 발달한 눈은 아주 적은 빛에서도 색을 구분할 수 있을 만큼 뛰어난 야간 시력을 자랑합니다.

학 명 : *Tarentola chazaliae*
원산지 : 서아프리카 해안 사막, 모로코의 해안과 건조한
바위지역
크 기 : 평균 8~10㎝
생 태 : 낮에는 굴속에 숨어있고, 밤에는 지상에서 사냥

헬멧티드 게코

Helmeted Gecko

Coloring

스무스 납 테일드 게코

Smooth Knob-tailed Gecko

활동시기 🌙 **먹이** 🦗 🪳

납 테일드 게코는 꼬리 끝에 손잡이(Knob) 같은 길쭉한 부분이 있어 '손잡이꼬리 도마뱀붙이' 또는 '혹꼬리 도마뱀붙이'라는 이름으로 불리게 되었습니다. 호주의 건조한 사막지역에 서식하는 도마뱀붙이로 여러 아종이 존재합니다. 크게 돌기가 큰 거친(Rough) 피부와 부드러운(Smooth) 피부 타입으로 나뉩니다. 부드러운 피부 손잡이꼬리 도마뱀붙이는 커다란 눈망울과 통통한 몸, 당근 모양의 통통한 꼬리와 삐죽 나온 돌기를 가진 앙증맞은 체형을 가지고 있습니다. 몸의 색상은 붉은 모래와 비슷한 붉은 갈색이지만 배 부분은 흰색입니다.

학 명 : *Nephrurus levis*
원산지 : 호주 건조지역
크 기 : 평균 6~12㎝, 종에 따라 다르며 암컷이 수컷보다 큼
생 태 : 낮에는 굴속에 숨어있고, 밤에는 지상에서 사냥

스무스 납 테일드 게코

Smooth Knob-tailed Gecko

Coloring

스콜피온 테일드 게코

Scorpion-tailed Gecko

활동시기 ☀ 먹이 🦗 🪳

스콜피온 테일드 게코는 땅 위에서 생활하는 도마뱀붙이입니다. 길쭉하고 호리호리한 몸통과 긴 발, 그리고 톱니 같은 미세한 돌기가 나 있는 얇고 납작한 꼬리를 가진 도마뱀입니다. 이 꼬리는 몸 쪽으로 말아 올릴 수 있어 전갈이 공격하려는 자세와 비슷하다고 하여 '전갈꼬리 도마뱀붙이' 또는 '톱니꼬리 도마뱀붙이'라는 이름이 붙여졌습니다. 이 종은 꼬리를 이용하여 의사소통을 하는 것으로 알려져 있습니다. 둥그런 얼굴에 뾰족한 주둥이와 커다란 눈을 통해 시력이 잘 발달되어 있다는 것을 알 수 있습니다. 소규모 무리 생활을 하는 사회성이 있는 도마뱀입니다.

학 명 : *Pristurus carteri*
원산지 : 사우디아라비아, 오만, 예멘, 아랍에미리트
크 기 : 평균 수컷 8㎝, 암컷 6㎝
생 태 : 바위, 낮은 나무 위에서 오가며 생활

스콜피온 테일드 게코

Scorpion-tailed Gecko

Coloring

크레스티드 게코

Crested Gecko

활동시기 🌙 먹이 💧🍯 🎆 🪵 🦗

크레스티드 게코는 뉴칼레도니아섬에서 서식하는 나무 위의 야행성 게코입니다. 머리와 눈에 돌기가 있어 '볏 도마뱀붙이', '속눈썹 도마뱀붙이'라고 불립니다. 눈꺼풀이 없는 눈, 벽에 붙을 수 있는 발, 길쭉한 꼬리에 미세한 돌기를 가지고 있습니다. 색상은 연한 황색, 갈색, 붉은 갈색, 주황색, 회색 등으로 다양하며, 인공번식을 통한 다양한 색상과 패턴이 존재합니다. 핸들링이 쉽고 성격이 온순해서 애완동물 마니아들에게 인기가 많지만 꼬리가 잘리면 재생되지 않으므로 조심히 다루어야 합니다. 세계적으로 인기 있는 애완도마뱀 중 하나입니다.

학　명 : *Rhacodactylus ciliatus*
원산지 : 뉴칼레도니아
크　기 : 평균 12~15㎝
생　태 : 나무 위에서 생활

크레스티드 게코

Crested Gecko

Coloring

뉴칼레도니언 자이언트 게코

New Caledonian Giant Gecko

활동시기 🌙 **먹이**

뉴칼레도니아에 서식하는 게코 중 가장 대형종이며 무게도 가장 많이 나가는 종 중 하나입니다. 국내에서는 학명 그대로 '리키에너스'로 불리며, 나무껍질과 비슷한 색상으로 완벽한 위장을 보여줍니다. 둔해 보이는 큰 덩치에 작은 눈과 튼튼하고 짧은 다리, 넓적한 발, 옆구리의 늘어진 피막, 발가락 사이의 막 등 특별한 장식은 없으며 몸에 비해 날씬하고 짧은 꼬리를 가지고 있습니다. 대륙에서 멀리 떨어진 섬에 살기 때문에 천적이 거의 없습니다. 식성은 잡식성이며, 큰 개체는 개구리는 물론 어린 새와 포유류를 잡아먹기도 합니다.

학 명 : *Rhacodactylus leachianus*
원산지 : 뉴칼레도니아
크 기 : 평균 30~33㎝
생 태 : 나무 위에서 생활

뉴칼레도니언 자이언트 게코

New Caledonian Giant Gecko

Coloring

사타닉 리프 테일드 게코

Satanic Leaf-tailed Gecko

활동시기 🌙   먹이 🦗 🐛 🪱

악마 잎꼬리 도마뱀붙이는 도마뱀 중에서도 가장 독특한 체형을 가진 도마뱀으로 알려져 있습니다. 마른 나뭇잎의 형태, 색상, 질감까지 흉내 낸 완벽한 보호색을 띠고 있어 주변 환경과 녹아들듯 어우러집니다. 이들은 주로 낮은 관목이나 낙엽이 많이 쌓인 밀림에서 서식합니다. 눈 위의 날카로운 돌기, 나뭇잎을 닮은 납작한 꼬리 등의 외형적 특징이 있습니다. 암컷이 수컷보다 크며 넓적한 나뭇잎 형태의 꼬리는 암컷, 작고 벌레 먹은 듯한 형태의 꼬리는 수컷이기 때문에 암수 구분이 쉽습니다.

학 명 : *Uroplatus phantasticus*
원산지 : 마다가스카르
크 기 : 평균 6~9㎝
생 태 : 낮은 나무덤불에서 생활

사타닉 리프 테일드 게코

Satanic Leaf-tailed Gecko

Coloring

리프 테일드 게코

Leaf-tailed Gecko

활동시기 🌙   먹이 🦗 🦋 🐛

리프 테일드 게코는 '납작꼬리 도마뱀붙이'라고도 하며, 아프리카 마다가스카르섬에서 서식하는 잎꼬리 도마뱀붙이의 일종입니다. 이들은 나뭇잎과 같은 완벽한 보호색과 나뭇잎 모양의 꼬리를 가지고 있기 때문에 나무에 붙어 있으면 구분하기가 어렵습니다. 주로 해발이 높은 고지대에서 서식하며 낮에는 커다란 나무에 머리를 아래쪽으로 향한 채 거꾸로 매달려서 지내고, 밤에는 먹이를 잡기 위해 활동합니다. 외형은 넓적한 꼬리와 넓은 주둥이, 커다란 눈 등이 특징입니다. 눈꺼풀이 없어서 투명한 막으로 눈을 보호하며, 눈을 깨끗이 닦기도 합니다.

학 명 : *Uroplatus fimbriatus*
원산지 : 마다가스카르
크 기 : 평균 22~30㎝
생 태 : 나무에 매달려 생활

리프 테일드 게코

Leaf-tailed Gecko

Coloring

토케이 게코

Tokay Gecko

활동시기 🌙　먹이

토케이 게코는 아시아 대륙에서 가장 큰 도마뱀붙이입니다. 동남아시아에서는 집안이나 가로등 밑에서 자주 발견됩니다. 밤에 불빛에 몰려드는 벌레를 사냥하기 위해 사람이 사는 집에서도 생활합니다. 울음소리를 낼 수 있는 도마뱀으로, 밤에 개구리처럼 '토~케이'라는 울음소리를 내는 모습에 따라 이름이 붙여졌습니다. 외모는 연한 회색, 푸른빛이 도는 회색, 연한 갈색 바탕에 붉은색 또는 주황색 반점이 흩어져 있습니다. 위협을 할 때는 입을 크게 벌리는 행동을 하며, 강한 턱을 가지고 있어 무는 힘이 센 도마뱀붙이입니다.

학　명 : *Gekko gecko*
원산지 : 동남아시아 일대
크　기 : 평균 18~35㎝
생　태 : 민가 근처나 숲의 암벽, 나무에 매달려 생활

토케이 게코

Tokay Gecko

Coloring

화이트 라인드 게코

White-lined Gecko

활동시기 🌙 먹이

흰 줄무늬 도마뱀붙이는 갈색 몸에 얼굴의 양 눈 옆에서 시작되는 하얀 줄무늬가 목덜미에서 합쳐져서 한 줄로 등을 따라 이어지다가, 꼬리에서 고리 모양으로 끝납니다. 꼬리는 몸보다 진한 갈색이나 검은색이며 전체적으로 굉장히 깔끔한 무늬를 가진 도마뱀붙이입니다. 야생에서는 주로 곤충류나 자신보다 작은 도마뱀 등을 잡아먹고 삽니다. 야행성 도마뱀붙이로 눈꺼풀이 없어 눈을 감을 수 없습니다. 발가락 밑에 빨판이 있고, 그 안에 수만 개의 강모가 나 있기 때문에 유리나 나무, 벽면에 자유자재로 붙어서 움직일 수 있습니다.

학　명 : *Gekko vittatus*
원산지 : 파푸아뉴기니, 솔로몬 제도
크　기 : 평균 18~25㎝
생　태 : 벽, 나무 위에서 생활

화이트 라인드 게코

White-lined Gecko

Coloring

70

노던 스파이니 테일드 게코

Northern Spiny-tailed Gecko

활동시기 🌙　먹이 🦗 🕷️

호주의 사막지역에 서식하는 북부 가시꼬리 도마뱀붙이는 꼬리 부분에서 악취가 나는 액체를 분비하여 자신을 방어하는 특징을 가진 스트로퓨러스(Strophurus) 속에 속하는 도마뱀붙이 중 하나입니다. 북부 가시꼬리 도마뱀붙이는 눈 위와 꼬리 부분에 날카로운 가시를 가지고 있는데, 스트로퓨러스(Strophurus)에 속하는 도마뱀들 중에서도 가장 발달한 큰 가시를 가진 종이기도 합니다. 이 종들은 주로 밤에 활동하지만, 밝은 빛을 싫어하는 다른 야행성 도마뱀들과는 달리 낮에도 일광욕을 즐기는 특징이 있습니다.

학　명 : *Strophurus ciliaris*
원산지 : 호주 북부 건조지역
크　기 : 평균 12~15㎝
생　태 : 나무, 암벽에 매달려 생활

노던 스파이니 테일드 게코

Northern Spiny-tailed Gecko

골든 스파이니 테일드 게코

Golden Spiny-tailed Gecko

활동시기 　먹이

황금 가시꼬리 도마뱀붙이는 회색 바탕에 검고 작은 점이 흩어져 있으며 허리부터 꼬리까지 밝은 노란색의 한 줄의 줄무늬가 있습니다. '가시꼬리 도마뱀붙이'라는 이름을 가지고 있지만 다른 가시꼬리 도마뱀붙이와는 달리 눈에 띄게 가시가 발달하진 않았습니다. 눈꺼풀이 없는 붉은 눈을 가지고 있어 굉장히 독특한 외모를 지니고 있습니다. 이들은 스트로퓨러스(Strophurus) 속의 게코로, 천적을 만나면 꼬리 부분에서 악취가 나는 액체를 분비하여 자신을 방어하는 특징이 있습니다.

학　명 : *Strophurus taenicauda*
원산지 : 호주 동부지역
크　기 : 평균 8~9㎝
생　태 : 나무 위, 암벽에 매달려 생활

골든 스파이니 테일드 게코

Golden Spiny-tailed Gecko

Coloring

피콕 데이 게코

Peacock Day Gecko

활동시기 ☀️ **먹이**

공작 낮 도마뱀붙이는 마다가스카르 전역에 서식하는 종입니다. 낮 도마뱀붙이들은 주로 화려한 색상을 가지고 있으며 이 종 또한 매우 화려한 색상을 띠고 있습니다. 밝은 녹색의 등에 붉은 반점이 있고 꼬리 끝은 푸른색을 띱니다. 특히 앞다리 쪽의 옆구리에 푸른색으로 감싼 검은 반점을 가지고 있는데, 이것이 공작새의 꼬리 무늬와 비슷하다 하여 공작 낮 도마뱀붙이라는 이름이 붙여졌습니다. 야생에서는 소형 곤충류와 나무 수액, 꽃의 꿀을 먹으며 달콤한 액을 뿜는 뿔매미와 공생하는 것으로 알려져 있습니다.

학 명 : *Phelsuma quadriocellata*
원산지 : 마다가스카르
크 기 : 평균 9~12㎝
생 태 : 암벽, 나무에 매달려 생활

피콕 데이 게코

Peacock Day Gecko

Coloring

일렉트릭 블루 데이 게코

Electric Blue Day Gecko

활동시기  먹이

전기 청색 낮 도마뱀붙이는 아프리카 본토에 서식하는 낮 도마뱀붙이입니다. Electric Blue의 뜻은 한국어로는 강청색, 즉 전기로 일으키는 불꽃의 녹색을 띠는 푸른색을 뜻합니다. 몸 전체에 나타나는 보석 같은 강렬한 청록색 때문에 '터콰즈 난쟁이 도마뱀붙이' 또는 '청록 난쟁이 도마뱀붙이'라고도 합니다. 수컷은 강렬한 푸른빛을 띠고 코와 눈 주변에 검은 줄무늬가 있으며 배부분은 암수 모두 밝은 주황색을 띱니다. 반면 암컷은 갈색이나 밝은 녹색을 띠며 검은 무늬가 적거나 아예 없기 때문에 암수 차이가 큽니다.

학 명 : *Lygodactylus williamsi*
원산지 : 아프리카 탄자니아 열대우림
크 기 : 평균 6㎝
생 태 : 나무 위에서 생활

일렉트릭 블루 데이 게코

Electric Blue Day Gecko

Coloring

마다가스카르 자이언트 데이 게코

Madagascar Giant Day Gecko

활동시기 ☀ **먹이**

마다가스카르 거인(큰) 낮 도마뱀붙이는 낮 도마뱀붙이 중에서 가장 큰 종입니다. 밝은 에메랄드 빛의 녹색 몸에 선명한 붉은 반점이 있어 아름다운 색상을 가지고 있습니다. 수컷이 암컷보다 좀 더 화려합니다. 온순해 보이는 외모와 달리 영역성이 강해서 수컷은 물론이고 암컷끼리의 공격성도 강합니다. 이 종은 아름다워서 일찍부터 사육되었으며 애완용으로 기르던 도마뱀이 탈출해서 하와이, 캘리포니아에도 토착화되었습니다. 현재는 여러 가지 품종도 만들어져 있습니다. 벽에 붙을 수 있으며 매우 빨리 움직일 수 있는 Day Gecko류의 특징이 있습니다.

학 명 : *Phelsuma madagascariensis grandis*
원산지 : 마다가스카르
크 기 : 평균 27~30㎝
생 태 : 암벽, 나무에 매달려 생활

마다가스카르 자이언트 데이 게코

Madagascar Giant Day Gecko

Coloring

블루 텅 스킨크

Blue-tongued Skink

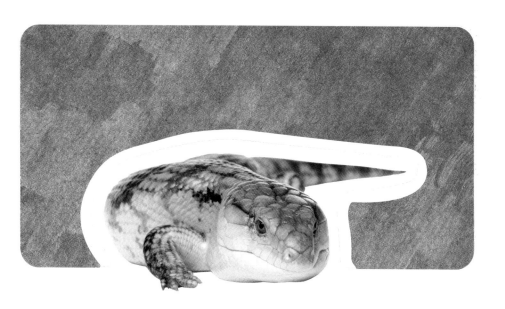

활동시기  먹이

푸른 혀 도마뱀은 이름처럼 푸른색 혀를 가지고 있어 푸른 혀 도마뱀으로 불립니다. 천적을 만나 위협을 받을 때 '쉿'하는 위협의 소리를 내면서 입을 벌리고 푸른 혀를 내밀며 흔들어 상대를 위협하는 행동을 합니다. 이런 행동은 포식자에게 허세를 보이는 행동입니다. 날카로운 눈과 커다란 비늘판이 붙은 넓은 머리, 광택이 있는 미끄럽고 두꺼운 비늘로 덮인 뚱뚱한 몸통, 끝으로 가면서 가늘어지는 꼬리, 몸통에 비해 짧은 다리를 가지고 있습니다. 이 우스꽝스러우면서도 위협적인 외모와는 달리 온순한 성격입니다.

학 명 : *Tiliqua gigas*
원산지 : 인도네시아, 파푸아뉴기니
크 기 : 평균 50~60㎝
생 태 : 열대우림의 바닥 면에서 생활

블루 텅 스킨크

Blue-tongued Skink

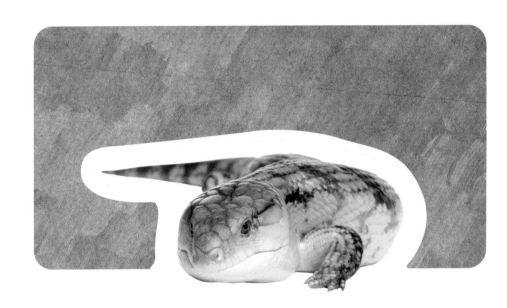

Coloring

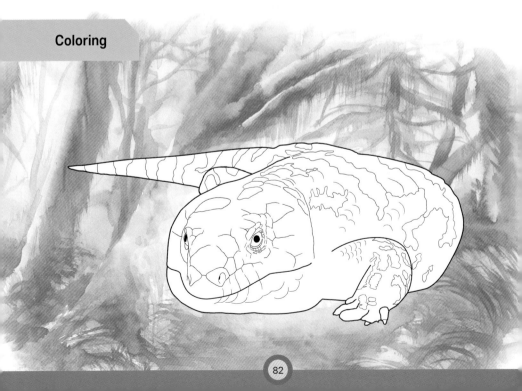

슁글백 스킨크

Shingleback Skink

활동시기  **먹이**

쉬글백 스킨크(Shingleback Skink)는 호주의 건조한 지역에서 발견되는 도마뱀 종으로, 블루텅 스킨크 속에 속합니다. 이들은 둥글고 통통한 몸, 짧은 다리, 넓적한 머리와 꼬리 그리고 도드라지는 큰 비늘로 '솔방울 도마뱀'으로도 불립니다. 푸른 혀 도마뱀과 마찬가지로 적에게 위협적인 모습을 보이기도 합니다. 일반적으로 움직임이 느리고 한 자리에서 가만히 일광욕하는 습성 때문에 '잠자는 도마뱀(Sleepy Lizard)'이라는 별명으로도 불립니다. 일반 파충류에서는 보기 드물게 한번 짝을 이루면 평생 가는 특징이 있으며 이 관계는 20년 이상 유지되기도 합니다.

학 명 : *Tiliqua rugosa aspera*
원산지 : 호주 남서부
크 기 : 평균 30~35㎝
생 태 : 건조한 사바나지역에서 생활

슁글백 스킨크

Shingleback Skink

Coloring

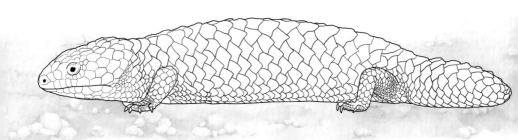

아프리칸 파이어 스킨크

African Fire Skink

활동시기 ☀ 먹이 🦗 🪱 🐌 🫐

아프리카 불 도마뱀은 서부 아프리카 지역에 서식하는 스킨크류 도마뱀으로, 진한 붉은색 발색이 아름다운 종입니다. 몸은 탄탄하고 사각형 모양이며 등 부분은 황금빛이 도는 황갈색이고, 배 옆면으로는 붉은색과 검은 무늬가 교차됩니다. 윗입술 부분은 붉은색이며 턱 밑은 흰색과 검은색이 교차하고, 꼬리는 검은색에 하늘색 점이 흩어져 있습니다. 수컷은 더욱 밝고 화려한 색상을 띱니다. 숲의 바닥에서 생활하며 땅속에 굴을 파고 생활합니다. 과거 현지인들은 화려한 색상 때문에 독이 있는 도마뱀으로 오해하고 건드리지 않았다고 합니다.

학 명 : *Riopa fernandi*
원산지 : 서부 아프리카
크 기 : 평균 수컷 30~35㎝, 암컷 25~30㎝
생 태 : 열대우림의 바닥 면에서 생활

아프리칸 파이어 스킨크

African Fire Skink

Coloring

피터스 밴디드 스킨크

Peter's Banded Skink

활동시기   **먹이**

뭉툭한 머리와 온순한 성격으로 '사막의 블루 텅 스킨크'라고 불리는 야행성 도마뱀입니다. 큰 머리와 큰 눈, 진한 노란색 몸통에 선명한 검은색 가로 줄무늬를 가지고 있습니다. 매끈하고 단단한 비늘로 싸여 있으며 머리에 비해 큰 눈을 가지고 있습니다. 야행성으로 주로 해가 뜨고 지는 시간대에 활발합니다. 한낮의 더위와 천적으로부터 보호하기 위해 모래에 파고드는 습성이 있습니다. 잡식성으로 소형 곤충류뿐만 아니라 물이 부족한 환경에서 살아남기 위해 식물의 싹, 꽃 등의 식물성 먹이도 먹습니다.

학　명 : *Scincopus fasciatus*
원산지 : 아프리카 북부 사막지역
크　기 : 평균 25㎝
생　태 : 땅속, 땅 위에서 생활

피터스 밴디드 스킨크

Peter's Banded Skink

Coloring

써던 피그미 스파이니 테일드 스킨크

Southern Pygmy Spiny-tailed Skink

활동시기 ☀ **먹이** 🦗 🪲 🕷 🌼

뭉툭한 머리와 온몸이 거친 비늘로 싸여 있으며 넓적하고 짧은 삼각형의 꼬리에는 더욱 발달한 가시와 같은 비늘이 있습니다. 이들은 위험하다고 여겨지면 통나무 아래나 바위틈으로 숨습니다. 이때 거친 비늘은 천적이 이 도마뱀을 밖으로 끌어내기 어렵게 만듭니다. 낮에 활동하는 도마뱀이며 주로 흰개미나 작은 곤충을 먹지만 식물성 먹이도 섭취합니다. 새끼로 출산하는 난태생 도마뱀입니다.

학　명 : *Egernia depressa*
원산지 : 호주 서부
크　기 : 평균 9~10㎝
생　태 : 바위틈에서 생활

써던 피그미 스파이니 테일드 스킨크

Southern Pygmy Spiny-tailed Skink

Coloring

레드 아이드 아머드 스킨크

Red-eyed Armored Skink

활동시기 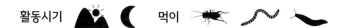 **먹이**

붉은눈 갑옷 도마뱀은 딱딱한 갑옷과 같은 뾰족한 등 비늘이 튼튼하게 돌출된 스킨크(Skink) 도마뱀류입니다. 이 종은 일반적인 매끈한 비늘을 가진 스킨크(Skink)류와는 외모가 매우 다르며, '붉은눈 악어 도마뱀(Red-eyed Crocodile Skink)'으로도 불립니다. 인도네시아의 이리안자야와 뉴기니의 습도가 높은 환경의 산림지대에서 서식합니다. 밤에 활동하는 야행성으로 낮 동안에는 물가의 축축한 땅속 굴이나 빈 코코넛 열매 껍질 안에 숨어 지내다가 어두워지면 활동합니다. 겁이 많아서 천적을 만나서 위험할 때에는 죽은 척을 하기도 합니다.

학 명 : *Tribolonotus gracilis*
원산지 : 인도네시아, 파푸아뉴기니
크 기 : 평균 12~15㎝
생 태 : 습기가 높은 열대우림 바닥, 물가에서 생활

레드 아이드 아머드 스킨크

Red-eyed Armored Skink

Coloring

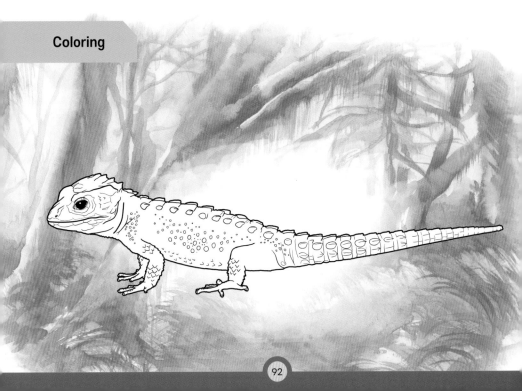

수단 플레이티드 리자드

Sudan Plated Lizard

활동시기  먹이

수단 플레이티드 리자드라는 이름은 단단하고 반짝거리는 황갈색 비늘 때문에 유래되었는데, 금으로 도금한 도마뱀이라는 뜻이랍니다. 아프리카 중부와 동부, 남부의 건조한 사바나지역의 작은 돌산이나 절벽 틈 등지에서 작은 무리를 지어 생활합니다. 외형적으로는 좁은 바위틈에 잘 기어 들어갈 수 있도록 사각형의 납작하고 탄탄한 몸통을 가지고 있으며, 딱딱하고 사각형 모양의 튀어나온 비늘이 있어 기왓장을 쌓아놓은 것처럼 갑옷과 같은 비늘이 겹쳐져 있습니다. 머리는 뾰족한 삼각형 모양이며, 큰 눈과 외부에 드러나 보이는 큰 귓구멍이 있습니다.

학 명 : *Gerrhosaurus major*
원산지 : 아프리카 탄자니아(잔지바르섬 군도 포함),
　　　　케냐, 모잠비크
크 기 : 평균 수컷 60~70㎝, 암컷 45~50㎝
생 태 : 바위틈에서 생활

수단 플레이티드 리자드

Sudan Plated Lizard

Coloring

거들 테일드 아르마딜로 리자드

Girdle-tailed Armadillo Lizard

활동시기  먹이

거들 테일드 아르마딜로 리자드는 작은 갑옷을 입은 동물인 아르마딜로에서 유래한 이름을 가진 도마뱀입니다. 몸 전체에 뾰족하고 딱딱한 가시가 있고 위험에 처하면 몸을 둥글게 마는 아르마딜로처럼 꼬리를 입에 물고 부드러운 배를 보호하는 특징이 있습니다. 몸의 색은 노란색에서 황토색이며 입술 주변은 검은색을 띱니다. 야생에서는 바위틈에서 가족이 함께 생활하면서 1년에 한 번 새끼를 출산하는 난태생 도마뱀입니다. 사회성이 높고 몸의 표현이 다양해서 위협적인 상황을 서로에게 알리고 함께 대처합니다.

학　명 : *Ouroborus cataphractus*
원산지 : 남아프리카 서부 해안 사막지역
크　기 : 평균 15㎝
생　태 : 바위틈에서 생활

거들 테일드 아르마딜로 리자드

Girdle-tailed Armadillo Lizard

Coloring

오설레이티드 리자드

Ocellated Lizard

활동시기

푸른색을 띠는 녹색의 몸에 동그란 무늬를 가지고 있어 '눈알 장지뱀(오설레이티드 리자드)' 혹은 '보석 장지뱀(쥬얼드 라세타)'으로 불립니다. 건조한 지역의 숲에서 서식하며 낮에 활동합니다. 먹이는 작은 곤충류부터 조류의 알과 파충류의 알, 소형 설치류, 소형 도마뱀들도 사냥하며 잘 익은 과일 등도 좋아하는 잡식성 도마뱀입니다. 체형은 튼튼한 몸통과 잘 발달한 다리, 날카로운 발톱 그리고 몸의 3분의 2에 해당하는 두껍고 긴 꼬리를 가지고 있습니다. 다 자랐을 때는 60㎝까지 다다르며 유럽에 서식하는 장지뱀류 중 가장 대형에 속합니다.

학 명 : *Timon lepidus*
원산지 : 이탈리아 북서부와 프랑스 남부, 스페인, 포르투갈
크 기 : 평균 수컷 50~60㎝, 암컷 30㎝
생 태 : 건조한 숲에서 생활

오설레이티드 리자드

Ocellated Lizard

Coloring

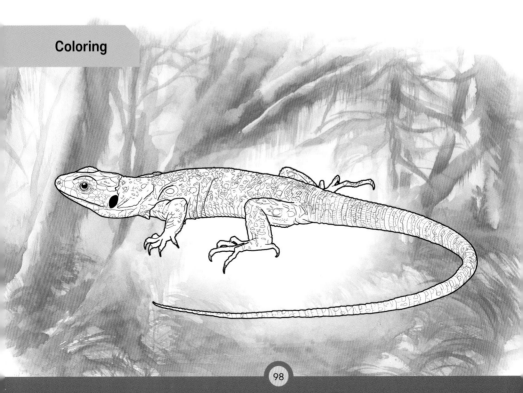

멕시칸 엘리게이터 리자드

Mexican Alligator Lizard

활동시기 ☀ 먹이 🦗 🪰 🦋

멕시코 원산의 도마뱀으로, 길쭉한 몸과 겹쳐 있는 기왓장 같은 비늘이 악어의 등에 튀어나온 용골비늘과 닮아서 멕시코 악어 도마뱀이라고 불립니다. 이들은 해발이 높은 고지대 나무 위에서 서식하는 종으로 서늘한 온도를 좋아합니다. 몸의 색은 녹색부터 푸른색, 은회색, 붉은 얼룩 등 다양한 아종이 있습니다. 감을 수 있는 긴 꼬리를 가지고 있으며 새끼를 출산하는 난태생 도마뱀입니다. 보통의 도마뱀들이 몸의 일부분씩 허물을 벗는 것과 달리 멕시코 악어 도마뱀은 뱀처럼 한번에 허물을 벗는 특징이 있습니다.

학　명 : *Abronia graminea*
원산지 : 멕시코, 과테말라의 고산지대
크　기 : 평균 30㎝
생　태 : 나무 위에서 생활

멕시칸 엘리게이터 리자드

Mexican Alligator Lizard

Coloring

아르젠틴 블랙 앤 화이트 테구

Argentine Black and White Tegu

활동시기 먹이

테구 도마뱀은 남미에 서식하는 대형 도마뱀입니다. 머리 부분은 넓은 비늘을 가지고 있으며 뾰족한 삼각형의 머리, 뱀처럼 갈라진 혀를 가지고 있습니다. 특히 나이가 많은 성체의 경우 아랫목 밑에 부풀어 오른 듯한 볼 주머니 같은 목주름이 있습니다. 다리는 힘이 세서 달리는 데 알맞으며, 어린 개체의 경우 뒷다리만으로 달릴 수 있습니다. 천적을 만나면 길고 두툼한 꼬리를 채찍처럼 휘둘러 자신을 방어합니다. 잡식성 도마뱀으로, 잘 익은 과일과 새나 다른 파충류의 알을 훔쳐 먹거나 다른 동물의 시체를 먹기도 하여 생태계의 청소부 역할도 합니다.

학　명 : *Salvator merianae*
원산지 : 아르헨티나, 브라질, 파라과이, 우루과이
크　기 : 평균 80~120㎝
생　태 : 땅 위에서 생활

아르젠틴 블랙 앤 화이트 테구

Argentine Black and White Tegu

Coloring

힐라 몬스터

Gila Monster

활동시기  먹이

힐라 몬스터는 독을 가진 도마뱀으로, 멕시코와 미국 남서부 지역에서 발견됩니다. 이들은 '멕시칸 비디드 리자드(Mexican Beaded Lizard - 멕시코 구슬도마뱀)'와 비슷한 생활 습성, 외형을 가지고 있지만, 머리가 더 둥글고 작으며 검정색과 노란색, 살구색, 핑크빛의 무늬가 있습니다. 이것은 자신이 아주 위험한 동물임을 경고하는 신호입니다. 힐라 몬스터는 도마뱀들 중 드물게 독을 가지고 있으며, 이 독은 뱀과 달리 아래턱에 있는 독선에서 나옵니다. 강력한 턱을 가지고 있고 무는 힘이 세기 때문에 물리면 매우 위험합니다.

학 명 : *Heloderma suspectum*
원산지 : 미국 남부의 유타주 건조한 초원지역과 사막지역,
　　　　 멕시코의 시날로아 북부
크 기 : 평균 40~60㎝
생 태 : 굴, 땅 위에서 생활

힐라 몬스터

Gila Monster

Coloring

차이니즈 크로커다일 리자드

Chinese Crocodile Lizard

활동시기 ☀ **먹이**

중국 남부와 베트남 북동부에 서식하는 이 희귀하고 특이한 도마뱀은 독일 학자로부터 1928년 발견되었습니다. 빗물로 인해 석회암이 녹아내려 형성된 카르스트 지형의 작은 연못이나 물의 흐름이 완만한 강가의 풀이 우거진 낮은 물가, 돌이 많은 산간의 계곡에 주로 서식합니다. 외형은 두툼하고 짧은 얼굴과 튼튼한 턱을 가지고 있으며 눈은 동그랗고 홍채는 밝은 노란색을 띱니다. 피부 전체에는 울퉁불퉁한 용골이 솟아 있으며 꼬리로 갈수록 용골이 합쳐지며 악어의 꼬리처럼 Y자 형태가 됩니다.

학 명 : *Shinisaurus crocodilurus*
원산지 : 중국 남부 후난, 광시, 귀주성 고산지역, 베트남 일부
크 기 : 평균 40~45㎝
생 태 : 물과 육지를 오가며 생활

차이니즈 크로커다일 리자드

Chinese Crocodile Lizard

Coloring

코모도 드래곤

Komodo Dragon

활동시기 ☀ **먹이**

코모도 왕도마뱀은 지구상의 도마뱀 중 가장 큰 종입니다. 몸길이는 최대 3.1m, 몸무게는 최대 167kg까지 나가는 대형 도마뱀으로 수컷이 암컷보다 큽니다. 식성은 육식성으로, 살아있는 동물이든 죽은 사체든 가리지 않고 다 먹어서 생태계의 청소부 역할을 하기도 합니다. 뱀처럼 갈라진 긴 혀를 가지고 있고 후각이 뛰어나 10km 떨어진 곳의 동물 시체 냄새도 맡을 수 있습니다. 턱 밑에 독 분비샘이 있어 자신보다 훨씬 큰 사슴이나 물소도 사냥하며, 자신들의 어린 새끼까지도 잡아먹기 때문에 새끼 때는 성체들을 피해 나무 위에서 생활합니다.

학 명 : *Varanus komodoensis*
원산지 : 인도네시아 코모도섬과 인근 섬
크 기 : 최대 300㎝ 이상
생 태 : 어릴 땐 나무 위, 성체 땐 육상생활

코모도 드래곤

Komodo Dragon

Coloring

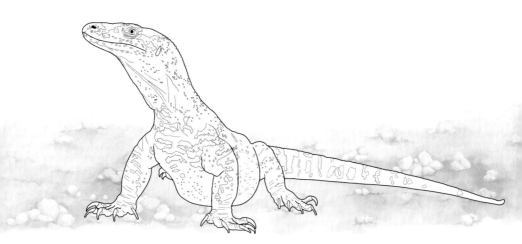

그린 트리 모니터

Green Tree Monitor

활동시기 ☀️ 먹이 🪲 🦎 🐀 🐦 🥚

녹색 나무 왕도마뱀은 왕도마뱀류 중 소형에 속하며 굉장히 아름다운 외형을 가지고 있습니다. 밝은 에메랄드빛 녹색의 몸에 검정색의 얇은 무늬가 등을 가로질러 나타나 있습니다. 나무 위에서 생활하는 왕도마뱀류로 몸체가 가늘며, 길고 가는 꼬리는 나뭇가지를 말아서 붙잡고 나무 위에서 이동할 때 몸을 지탱해주는 역할을 합니다. 밝은 녹색과 검은색의 무늬는 나무에서 몸을 숨기기 알맞으며 검은색의 무늬는 나뭇잎과 그늘에 적절하게 조화를 이루어 눈에 잘 띄지 않도록 보호색의 역할을 합니다.

학　명 : *Varanus prasinus*
원산지 : 인도네시아, 파푸아뉴기니
크　기 : 평균 수컷 100㎝, 암컷 80㎝
생　태 : 주로 나무 위에서 생활

그린 트리 모니터

Green Tree Monitor

Coloring